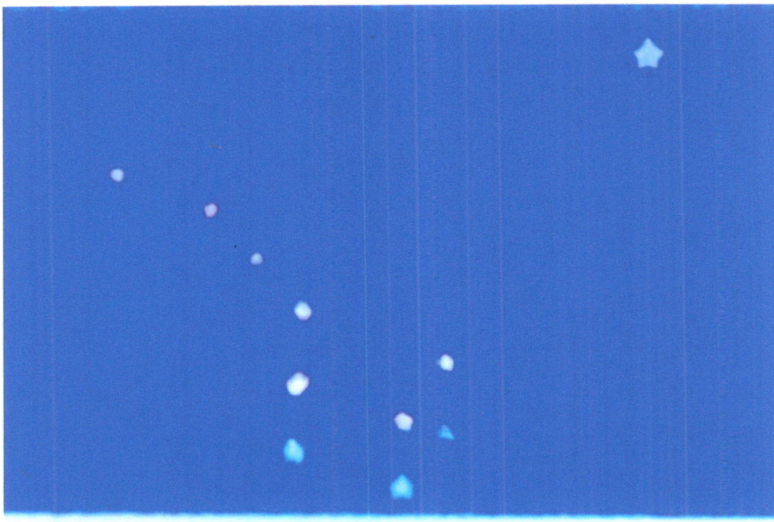

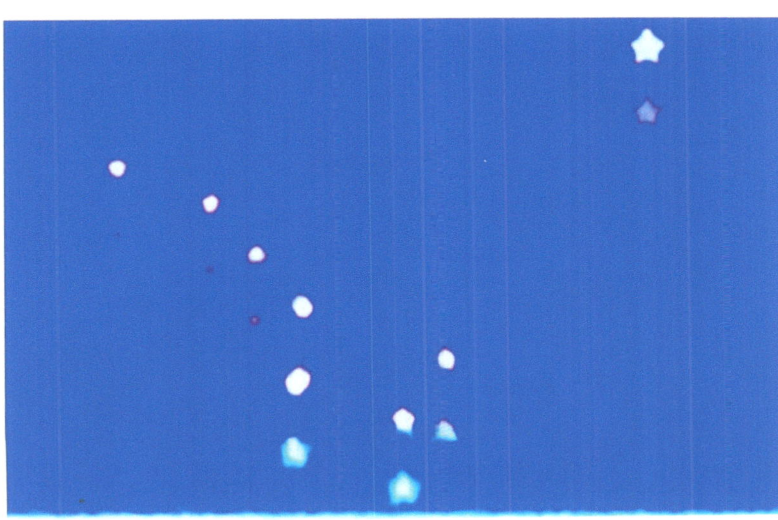

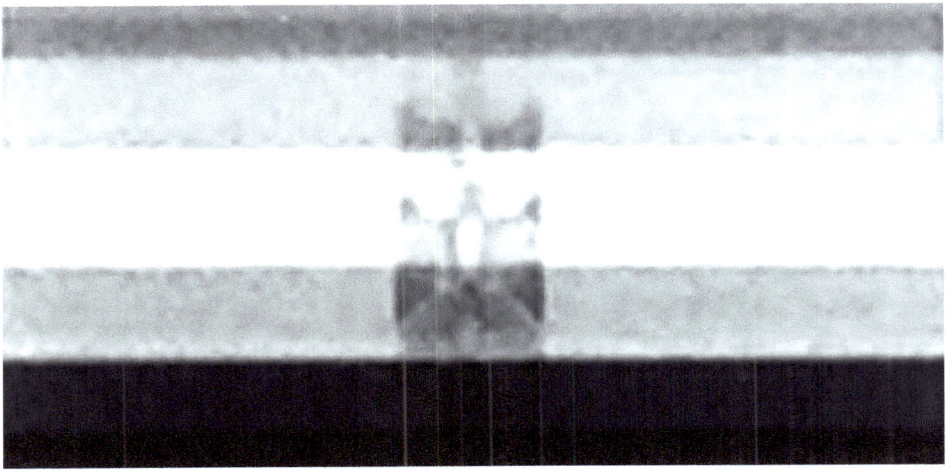

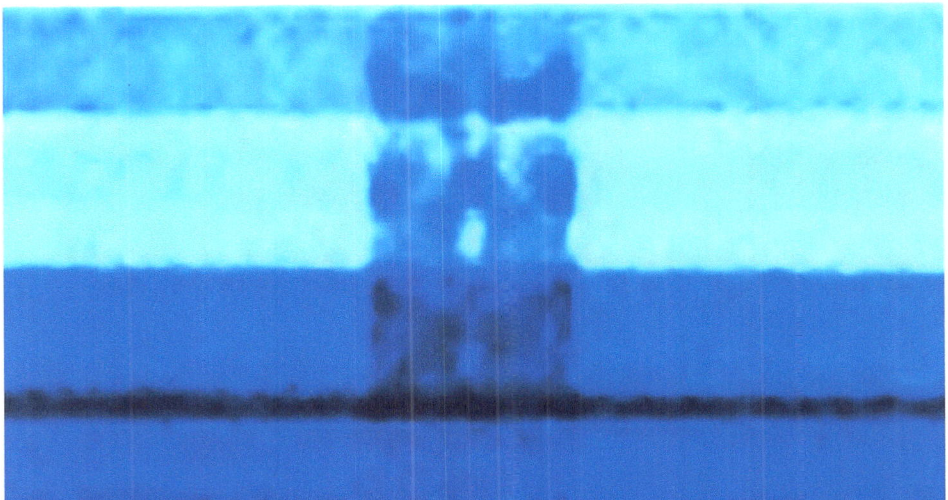

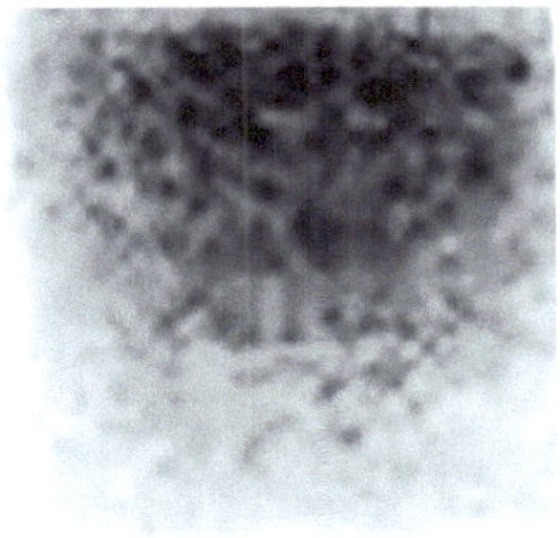

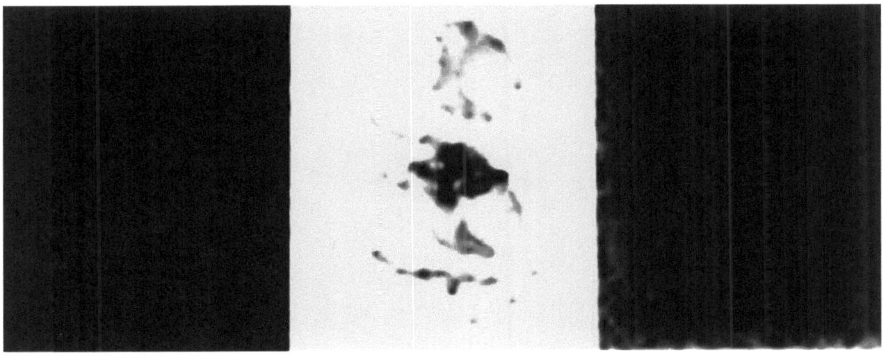

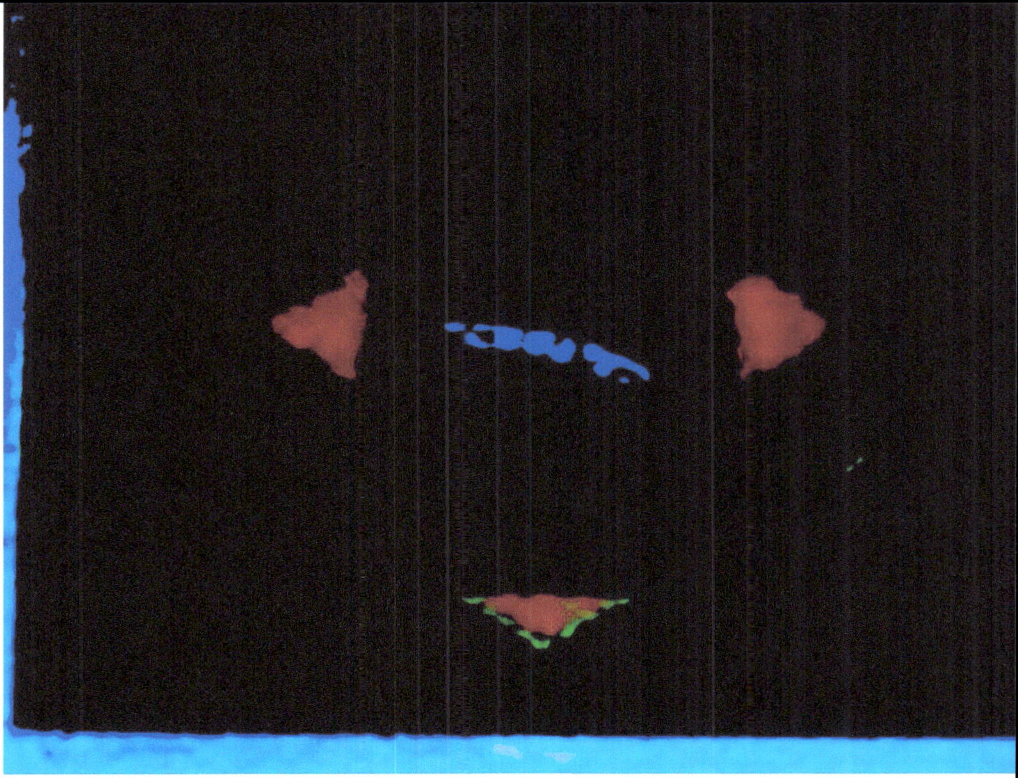

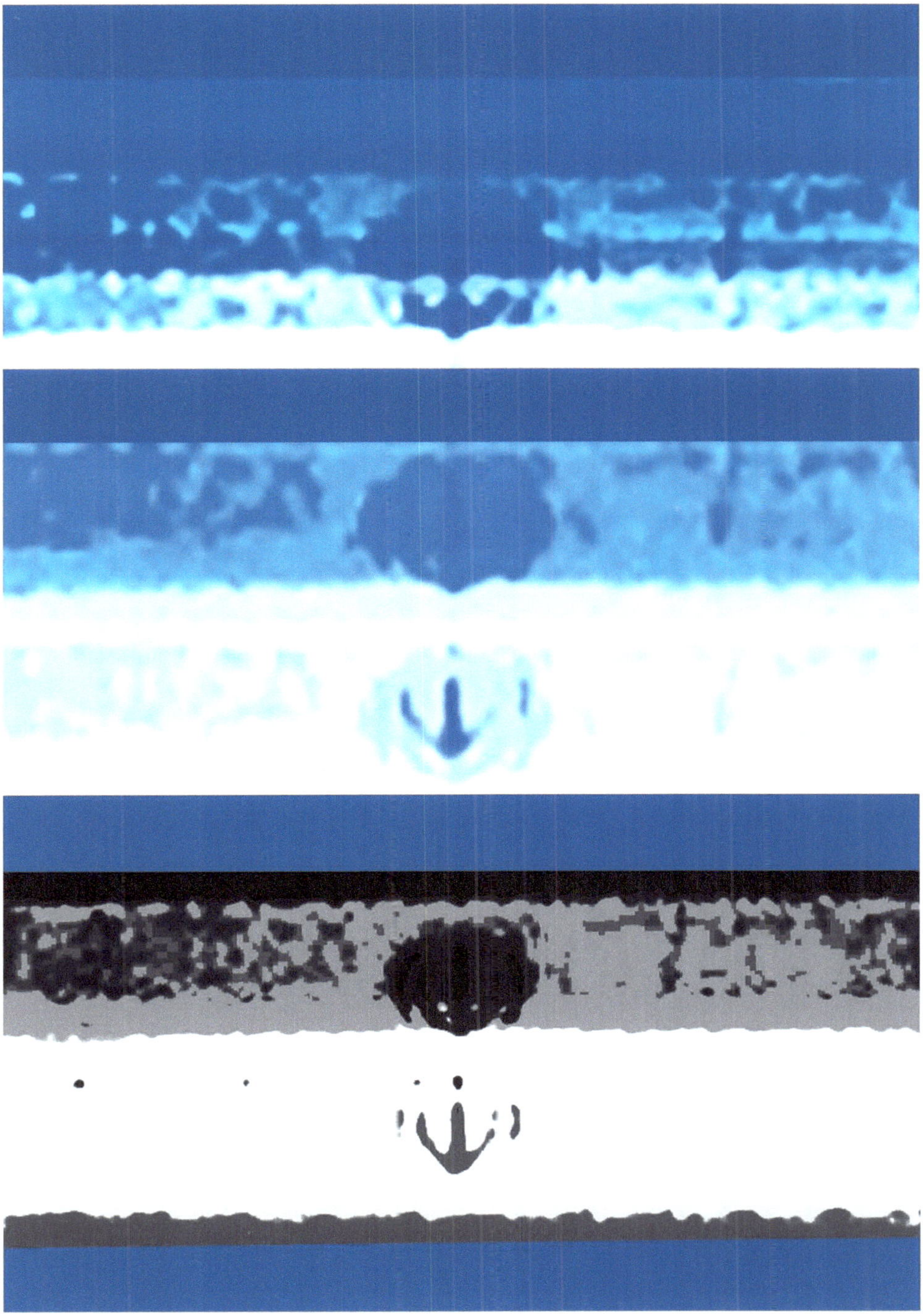

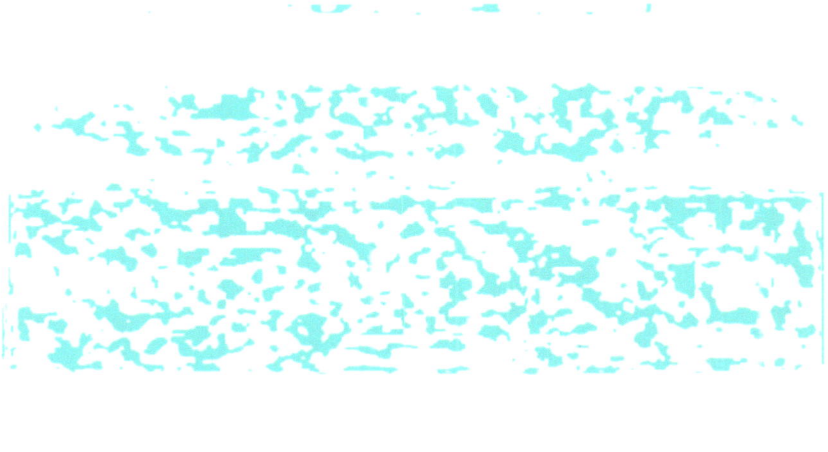

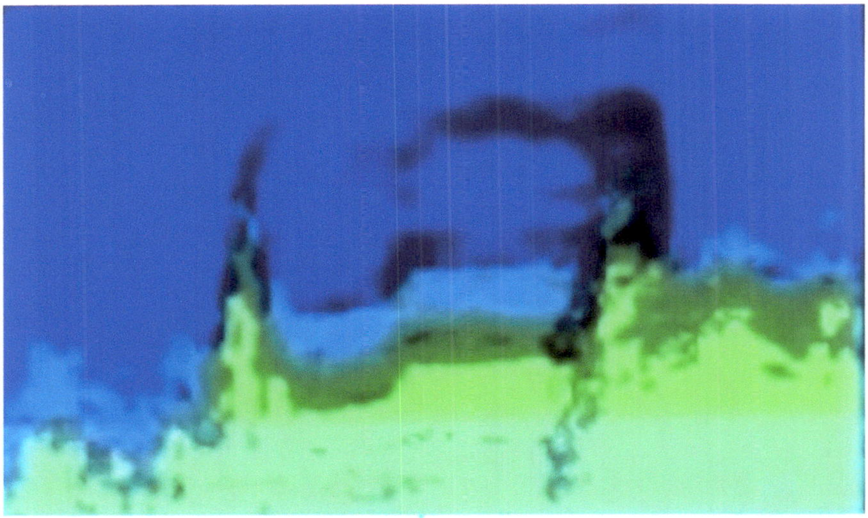

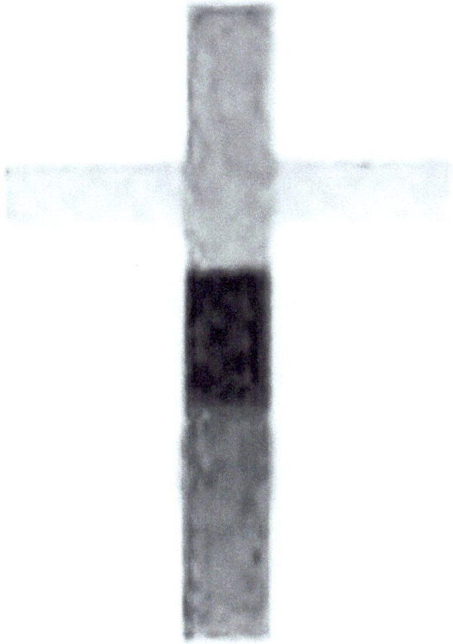

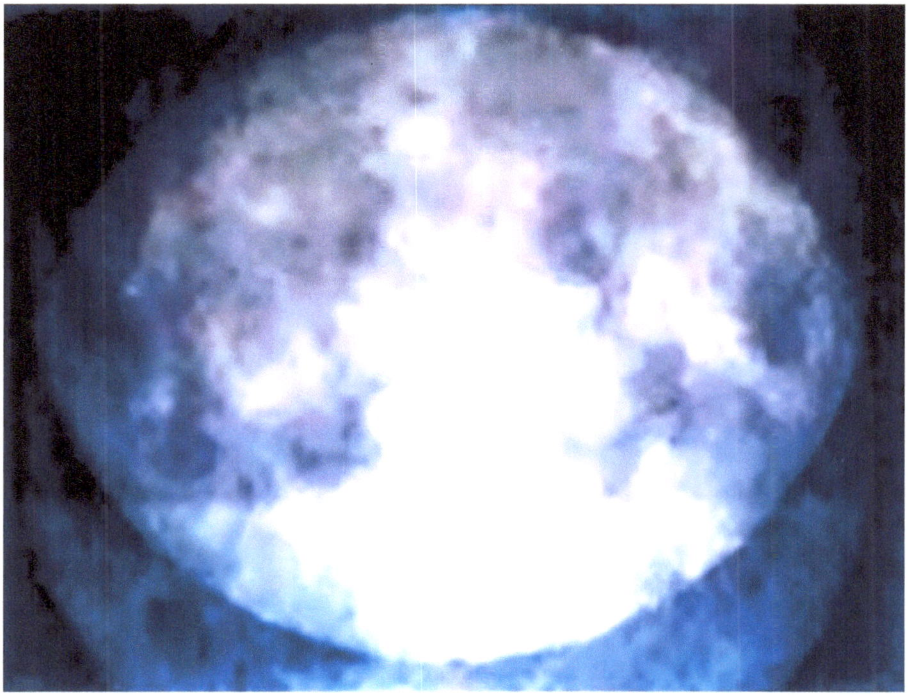

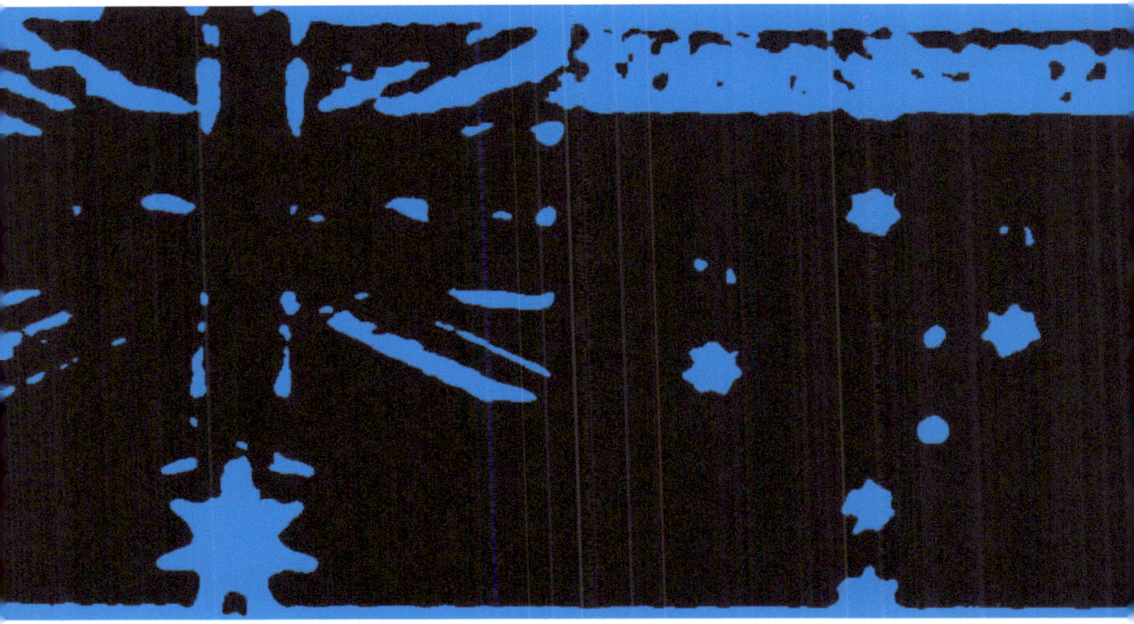

www.ingramcontent.com/pod-product-compliance
Lightning Source LLC
Chambersburg PA
CBHW040349220526
45473CB00009B/2830
* 9 7 8 1 6 8 7 5 7 1 1 7 5 *